從豆腐到豆渣粉！

「意想不到」的保存&活用妙方

前言

豆腐、油豆腐、炸豆皮、豆渣、豆漿、納豆……

這些常見的黃豆製品中，富含能讓我們的身體由內而外漂亮起來的營養成分。

除了高蛋白質、低卡路里的特性之外，有助消除內臟脂肪的大豆皂苷，以及降低中性脂肪的大豆卵磷脂，都是黃豆中最具代表性的成分。

過去在忙碌的生活中，我經常嘴上唸著想吃豆製品，卻抽不出時間去採買，不然就是好不容易買回家，結果放到過期……

經過多次教訓，我決定再也不要浪費時間和食材了！

這才針對豆製品設計了至今從沒想過的「保存法」與「活用術」。

希望這本食譜能夠誘發各位讀者的食慾，並且樂意實際動手試試，在品嘗美味之餘，若能對各位的健康有所貢獻，我將感到榮幸萬分。

牛尾理惠

本書使用說明

· 食譜使用的鹽為天然鹽、砂糖為日本上白糖、醋為米醋、奶油為有鹽奶油。

· 食譜標示的1杯為200ml、1大匙為15ml、1小匙為5ml。

· 請一律使用耐熱且可冷凍的密封袋。

· 微波加熱時間是以600W的機型為設定。請依機種、溫度適度調整。

豆腐

高蛋白質、低卡路里、零膽固醇的豆腐，是豆製品中最受歡迎的食材。此外，豆腐也含有減去體內多餘脂肪的大豆皂苷，以及具有與女性荷爾蒙同等功效的大豆異黃酮。豆腐容易取得、營養價值又高，雖然知道平時該多吃，但是「豆腐無法放很多天，裝進保鮮盒還要每天換水，太麻煩了」，這是許多人對於保存豆腐的無奈心聲。不過，其實有很多能夠活用豆腐做出美味料理而且絲毫不浪費的方法！

味噌湯袋

豆腐和蔬菜一起冷凍保存

「味噌湯袋」能避免一次煮一大鍋豆腐味噌湯，卻喝不完而浪費的情況。直接將豆腐切成骰子般的大小冷凍起來，結凍後再與同樣事先冷凍好的蔬菜一同放入大型保鮮袋中，重新放回冷凍庫保存。一想到冰箱還有味噌湯袋，一股安心感便油然而生。冷凍過的豆腐口感變得很不一樣，出乎意料的好吃。可以搭配任何蔬菜，特別推薦香菇或金針菇等菇類，經過冷凍鮮味大大提升，也有助於整治腸道環境。

無須解凍，直接丟入高湯中再化開味噌即可！

經典味噌湯袋

使用板豆腐搭配白蘿蔔、紅蘿蔔、綠色蔬菜與菇類，最熟悉的日式傳統風味。

夏季蔬菜味噌湯袋

使用嫩豆腐，加入秋葵、青椒與豌豆苗，做出嶄新風味的味噌湯。

材料（容易製作的分量）

板豆腐…1 塊（300～400g）

大蔥、白蘿蔔、紅蘿蔔、小松菜、舞菇、鮮香菇…各適量

1 將豆腐的水分瀝乾，切成 1cm 的骰子大小，鋪在墊上烤盤紙的調理盤中。

2 大蔥切成蔥花，白蘿蔔與紅蘿蔔去皮切絲，小松菜切成 2cm 長。舞菇切除根部，一根根撥散開來。香菇切除菇柄，再切成薄片。將蔬菜全部裝入可冷凍的夾鏈袋，讓袋中保留空氣，避免蔬菜結成一團，再將袋子密封起來。豆腐與裝好蔬菜的夾鏈袋一起放入冰箱冷凍 1 小時左右。

3 取出冷凍後的蔬菜夾鏈袋，手握拳由上方輕敲，讓裡面的蔬菜鬆散開來，再將豆腐放入袋中，重新放回冰箱冷凍。

保存 2～3 週

1

2

3
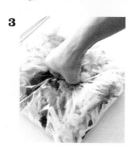

搭配根菜與綠色青菜。

經典味噌湯袋

材料（容易製作的分量）

嫩豆腐…1 塊（300～400g）

秋葵、青椒、豌豆苗、金針菇、鴻喜菇…各適量

1 豆腐切成 1cm 的骰子大小。秋葵切丁，青椒切成 1cm 寬的細條，豌豆苗切成 2cm 長。金針菇切除根部，長度切成一半。鴻喜菇切除根部，一根根撥散開來。

2 按照上方「經典味噌湯袋」的步驟進行冷凍保存。

保存 2～3 週

微苦青椒和黏滑秋葵的獨特滋味。

夏季蔬菜味噌湯袋

豆腐的蛋白質
加上蔬菜的維生素
與礦物質。

豐盛的什錦燉菜

也可以加進各種
日式燉菜裡！

材料（2人份）
經典味噌湯的配料⋯150g
羊栖菜（乾燥）⋯10g
日式高湯⋯¾杯
A 味醂、醬油
　　⋯各2小匙

1 羊栖菜用水泡15分鐘左右，泡開
　　後瀝乾水分。

2 鍋中放入作法**1**與日式高湯，用
　　中火加熱。煮滾後，將經典味噌湯
　　的冷凍配料直接放入鍋中，再加入
　　A，蓋上落蓋，用中小火燉煮約10
　　分鐘即完成。

> **也可加進這些料理**

- 日式蘿蔔乾燉菜
- 豆渣拌菜
- 日式炒麵
- 日式炒烏龍麵

材料與作法（2人份）
鍋中放入兩杯日式高湯，用中火加
熱，抓兩把冷凍的配料下鍋，約煮2
分鐘。最後放入1又½大匙的味噌化
開即完成。

經典味噌湯

夏季蔬菜味噌湯

凍豆腐

豆腐切成 4 等份冷凍保存

將買回來的新鮮豆腐直接冷凍起來，做成即食豆腐也十分方便。板豆腐解凍後流失水分，口感變得扎實，咬起來彷彿像在吃肉一樣。

材料（容易製作的分量）
板豆腐…1 塊（300 ～ 400g）

豆腐瀝乾水分，切成 4 等份，分別用保鮮膜包起來，裝入可冷凍且可微波的夾鏈袋。放入冰箱冷凍 1 小時以上。

保存 **2 ～ 3 週**

解凍 整塊豆腐連同夾鏈袋直接放入微波爐，加熱 2 ～ 3 分鐘。

牛肉鮮甜可口，
鹹甜醬汁好入味。

豆腐燉肉

材料（2 人份）
凍豆腐…1 塊
牛肉片…150g
洋蔥…1 個
A 水…1 又½杯
　米酒、味醂、醬油
　　…各 2 大匙
　砂糖…2 小匙

1 凍豆腐解凍，瀝乾水分。洋蔥對半切開，再各縱切成 3 ～ 4 等份。

2 鍋中放入 **A**，用中火加熱，煮滾後放入洋蔥煮 3 分鐘左右，待洋蔥開始變軟即可加入牛肉、凍豆腐，煮的同時一邊撈除浮沫。蓋上落蓋，繼續燉煮約 10 分鐘即可起鍋裝盤，可依喜好撒上七味粉享用。

豆腐

凍豆腐

乾咖哩

少少的肉末就能吃飽的節約料理。

炸漢堡排

口感多汁飽滿，分量好滿足。

材料（2人份）

凍豆腐…½塊
牛絞肉…180g
洋蔥…½個
大蒜、薑…各約10g
小番茄…100g
植物油…2小匙

A 孜然、印度綜合香料
　　（Garam Masala）
　　　…各½小匙
味醂…1大匙
B 咖哩粉…½大匙
　│鹽…½小匙
　│胡椒…少許
白飯…2碗

1 凍豆腐解凍，瀝乾水分，用手剝小塊。洋蔥、大蒜、薑切末。小番茄摘除蒂頭，縱切兩半。

2 取一只鍋身較厚的鍋子，加入植物油熱鍋，放入大蒜、薑、**A**炒香，再將洋蔥下鍋炒勻。

3 將絞肉加入作法**2**的鍋中，繼續拌炒，接著放入凍豆腐、小番茄，再倒入味醂。蓋上鍋蓋用小火燉煮約5分鐘。關火後倒入**B**拌勻，和白飯一起盛入盤中享用。

材料（2人份）

凍豆腐…½塊
牛豬混合絞肉…150g
洋蔥（切末）…¼個
A 鹽…¼小匙
　│胡椒…少許
B 蛋液…1大匙
　│麵包粉…2大匙

麵粉、稀釋蛋液＊、麵包粉
　　…各適量
炸油…適量
高麗菜（切絲）…100g
顆粒芥末醬、中濃醬
　　…各適量

＊取一顆雞蛋打散，在**B**用剩下來的蛋液中加入2大匙冷水拌勻。

1 凍豆腐解凍，瀝乾水分後捏碎。

2 調理盆中放入絞肉，加入**A**攪拌，再放入作法**1**、**B**、洋蔥充分拌勻，捏成2等份的橢圓形。依序沾裹上麵粉、稀釋蛋液、麵包粉。

3 炸油加熱至100℃，將作法**2**下鍋，慢慢提升油溫炸熟。盛盤後一旁放上高麗菜絲、顆粒芥末醬，再淋上中濃醬享用。

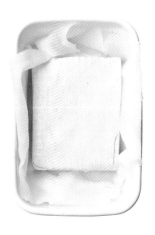

拌一拌即完成。
三色抹醬

- 材料＝容易製作的分量。
- 作法＝將所有材料放入調理盆中混拌均勻即完成。

材料與作法

1 豆腐（板豆腐或嫩豆腐皆可）瀝乾水分，依「豆腐 100g：鹽½小匙」的比例均勻撒上相應分量的鹽，用廚房紙巾包起來，放入墊上網架的調理盤中，包上保鮮膜，放入冰箱冷藏一晚。

2 隔天，換一張乾淨的廚房紙巾，重新包好後，裝在密封容器中冷藏保存。

（保存） 約 3 天

鹹豆腐

豆腐撒上鹽冷藏保存

鹹豆腐是能大幅提升豆腐美味的方法。而且無須瀝乾水分，調理時方便又簡單。

當豆腐剩下一點點用不完時，也很推薦使用鹹豆腐保存法。

豆腐橄欖醬

材料
鹹豆腐（嫩豆腐）…½塊
黑橄欖（切末）…30g
鯷魚（切碎）…1 片
橄欖油…1 小匙

豆腐酪梨醬

材料
鹹豆腐（嫩豆腐）…¼塊
酪梨（搗碎後撒上 1 小匙
　檸檬汁）…¼個
粗粒黑胡椒…適量

豆腐起司醬

材料
鹹豆腐（嫩豆腐）…¼塊
奶油起司（在室溫下
　回溫）…50g
核桃（搗碎）…30g
蜂蜜…1 大匙

10

鹹豆腐水果沙拉

彷彿在吃茅屋起司一般。

材料（2 人份）

鹹豆腐（嫩豆腐）⋯½ 塊
柳橙（去皮除膜後剝開）⋯1 顆
奇異果（對半切開再切薄片）⋯1 顆
貝比生菜⋯50g
蒔蘿（撕碎）⋯5g
A 巴薩米克醋、橄欖油⋯各 2 小匙
　蜂蜜⋯½ 小匙
　胡椒⋯少許

1 鹹豆腐用手剝成一口大小。貝比生菜用冰水浸泡一下使口感清脆，將水分瀝乾。

2 調理盆中放入作法 **1**、柳橙、奇異果、蒔蘿，再淋上混拌好的 **A**，拌勻即可享用。

豆腐白醬拌紅蘿蔔蘆筍

迅速就能做好的涼拌醬。

材料（2 人份）

鹹豆腐（嫩豆腐）⋯⅓ 塊
綠蘆筍⋯2 根
紅蘿蔔⋯⅓ 根
A 白芝麻粉⋯2 大匙
　砂糖⋯1 小匙
　醬油⋯少許

1 紅蘿蔔去皮，用刨絲器刨成細絲。蘆筍切除真葉（可翻起的三角形狀葉片），斜切成 1cm 寬，用熱水汆燙一下，瀝乾水分。

2 調理盆中放入鹹豆腐、**A** 充分攪拌，再放入作法 **1** 拌勻即完成。

西班牙冷湯

用鹹豆腐代替麵包。

材料（2 人份）

鹹豆腐（嫩豆腐・剝成稍大的塊狀）⋯½ 塊
蒜泥⋯約 5g
青椒（切末）⋯1 個
紫洋蔥（切末）⋯⅛ 個
小黃瓜（切末）⋯¼ 條
A 有鹽番茄汁⋯1 杯
　橄欖油⋯1 小匙
　Tabasco 辣椒醬⋯少許

在兩個玻璃杯中分別裝入等量的鹹豆腐、蒜末、青椒、紫洋蔥、小黃瓜，再倒入混拌好的 **A** 即完成。

鹹豆腐

做成豆腐排、油炸點心、濃湯

無肉同樣美味。

舒服的鹹味與滑順口感。

清爽系南瓜濃湯

鹹豆腐酪梨炸春捲

材料（2人份）
鹹豆腐（嫩豆腐）…½塊
冷凍熟南瓜…150g
水…1又½杯
顆粒雞高湯粉…½小匙
孜然粉…適量

1 鍋中放入水，以中火加熱，煮滾後放入南瓜約煮3分鐘。

2 將鹹豆腐、顆粒雞高湯粉加入作法**1**，用攪拌棒打勻（若沒有攪拌棒，可利用搗泥器或打蛋器攪拌）。以中火加熱，完成後盛入湯碗，撒上孜然粉即可享用。

材料（2人份）
鹹豆腐（板豆腐或嫩豆腐皆可）…½塊
酪梨…½個
蔥…10g
納豆…50g
春捲皮…6張
A 麵粉…2小匙
│ 水…1～2小匙
炸油…適量

1 鹹豆腐切成1cm的骰子狀。酪梨去皮去籽，切成1cm的骰子狀。蔥切蔥花。

2 調理盆中放入作法**1**、納豆拌勻，等量鋪在春捲皮上捲起來。春捲皮的兩端抹上攪勻的**A**確實包緊。

3 鍋中倒入炸油以小火低溫加熱，放入作法**2**，慢慢提升油溫，一邊翻動炸熟。

豆腐

豆腐排

無須瀝水，鋪上起司粉烤一下就好。

材料（2人份）

鹹豆腐（板豆腐）…1塊
青紫蘇葉…2片
A 麵粉、起司粉…各1大匙
橄欖油…2小匙
白蘿蔔泥…100g
市售日式桔醋醬油…1大匙

1 鹹豆腐橫剖開來，讓厚度變成一半。青紫蘇葉摘除葉梗，鋪在鹹豆腐上，再均勻撒上調合均勻的**A**。

2 平底鍋中倒入橄欖油，以中火加熱，放入作法**1**煎烤至兩面上色。盛盤後一旁擺上白蘿蔔泥，再淋上桔醋醬油即完成。

玉米海帶芽炸丸子

玉米的香甜與海帶芽的鮮味在口齒間留香。

材料（2人份）

鹹豆腐（板豆腐）…¾塊
罐頭玉米粒…55g
乾燥海帶芽…3g
片栗粉…適量
炸油…適量

1 調理盆中放入鹹豆腐、瀝乾湯汁的玉米粒、海帶芽、2小匙片栗粉，充分拌勻。

2 將作法**1**捏成10等份的丸子狀，均勻沾裹上少許片栗粉。

3 油鍋預熱至170℃，放入作法**2**，一邊翻動炸至表層酥脆堅硬即可起鍋。

滷豆腐

豆腐滷至入味後冷藏保存

以鮮味強烈的魚露及蠔油取代高湯，將豆腐滷至入味。

板豆腐咬勁Q彈，吸飽湯汁的滋味堪稱一絕。

豪邁地整塊蓋在白飯上。

滷豆腐蓋飯

材料（2人份）
滷豆腐…1 塊
溫熱的白飯…2 碗

1 耐熱容器中放入滷豆腐，輕
輕蓋上保鮮膜，微波加熱 2
分鐘。

2 碗裡盛好白飯，將作法 **1** 連
同湯汁直接倒在飯上即可享
用。

材料（容易製作的分量）
板豆腐…2 塊（600～800g）
A 米酒、砂糖、味醂、醬油
　　…各 2 大匙
　 魚露、蠔油…各 1 大匙

1 豆腐橫剖開來，讓厚度變成一半。
壓上 1kg 左右的重物，放置約 10 分
鐘，使水分充分瀝乾。

2 平底鍋中鋪入作法 **1**，倒入 **A** 及剛
好及至豆腐表面的水（分量外）。
蓋上落蓋，以中小火燉煮約 20 分
鐘。待鍋中的湯汁煮到剩下一半時
即可關火。放涼後連同湯汁裝入密
封容器中，放入冰箱冷藏保存。

保存　約 **3** 天

豆腐

滷豆腐

材料（2 人份）

滷豆腐…½ 塊
水煮蛤蜊罐頭…130g
山芹菜（切成 2cm 長）…30g
雞蛋…3 顆

1 蛤蜊連同罐頭中的湯汁一起倒入
鍋中，滷豆腐大致弄碎，和山芹
菜一起下鍋，以中小火加熱。

2 調理盆中打入雞蛋攪散，待作法
1 煮滾後，以畫圓的方式倒入鍋
中，加熱至半熟的程度即可起
鍋。

用軟嫩的蛋把料炒在一起。

滷豆腐燴蛋

材料（2 人份）

滷豆腐…½ 塊
香菜（切成 2cm 長）…30g
奶油花生米…30g
A 麻油…2 小匙
　檸檬汁…½ 小匙
　胡椒…少許

1 花生米裝入塑膠袋中，用搗棒敲
碎。

2 調理盆中放入 **A** 拌勻，將滷豆
腐大致弄碎後放進去。撒上香菜
和作法 **1** 拌一拌即可享用。

麻油加上檸檬汁，做成南洋口味也好吃。

滷豆腐香菜沙拉

材料（2 人份）

滷豆腐…1 塊
山藥（磨成泥）…150g
市售溫泉蛋…2 顆
海苔絲…適量

1 耐熱容器中放入滷豆腐，輕輕蓋
上保鮮膜，微波加熱 2 分鐘。

2 將作法 **1** 分成兩份盛盤，分別
在上方擺上等量的山藥泥、溫泉
蛋與海苔絲即可。

搭配山藥泥與溫泉蛋的溫和滋味。

山藥泥溫泉蛋拌滷豆腐

油豆腐

油豆腐是板豆腐脫水後經油鍋高溫速炸製成。在日文中有「厚揚げ」或「生揚げ」兩種名稱。由於經過油炸，比起一般豆腐，油豆腐的卡路里較高，不過卻也完整鎖住了豆製品特有的營養成分。富含營養的油豆腐，應趁新鮮食用完畢，以免因油脂氧化而變質。不過，油豆腐易飽足的特性，加上趨於一成不變的食譜，經常讓人想到要吃它就興致缺缺。這種時候可以試試本篇介紹的作法，將外層經油炸形成的豆腐皮與內層豆腐分開運用，就能大幅提升菜色變化度！

分別運用於不同菜色

油豆腐的外皮可以直接當炸豆皮使用，下鍋煎得焦脆撒在生菜沙拉上，或是當作味噌湯配料，都能品嘗到不同以往的風味。內層則可以取代一般豆腐，省去瀝水的步驟，搭配其他食材一起炒或炸，不但方便也讓菜色充滿變化。

這一招真好用 POINT

切分外皮與內層

從油豆腐外皮與內層之間的空隙下刀，小心地切分開來，避免弄傷豆腐表面。

油豆腐皮茼蒿芝麻沙拉

煎得焦香酥脆。

材料（2 人份）

油豆腐外皮…1 塊豆腐的分量
茼蒿…淨重 50g
大蔥…½ 根
A 白芝麻粉、醋、麻油、醬
　油…各 1 小匙

1 平底鍋以中火熱鍋，放入油豆腐外皮，一邊用鍋鏟輕壓將兩面煎得焦香酥脆，起鍋後切成長方形小片。

2 摘取茼蒿的葉片部分，大蔥對半縱切再斜切成薄片，一起用冰水浸泡一下使口感清脆，再將水分瀝乾。

3 調理盆中放入 **A** 拌勻，再加入作法 **1** 和作法 **2** 翻拌一下即可享用。

山苦瓜小炒

宛如豆味濃醇的沖繩島豆腐。

材料（2 人份）

油豆腐內層…1 塊豆腐的分量
豬五花肉片…100g
山苦瓜…½ 個
雞蛋…1 顆
麻油…2 小匙
A 鹽…¼ 小匙
　胡椒…少許
　醬油…1 小匙
柴魚片…3g

1 油豆腐內層用手剝成一口大小，肉片切成 2cm 寬，山苦瓜去籽切薄片。調理盆中打入雞蛋攪散。

2 平底鍋中倒入麻油以中火加熱，放入豬肉炒熟後取出。

3 以中火加熱作法 **2** 的平底鍋，將油豆腐內層下鍋拌炒。豆腐表面出現微焦後，騰出鍋內空間將山苦瓜下鍋拌炒。

4 炒得差不多之後，將作法 **2** 放回鍋中，同時加入 **A**，接著將蛋液以畫圈方式倒入鍋中，大幅度翻炒均勻。盛盤並撒上柴魚片即可享用。

代替炸豆皮與披薩麵皮

蠔油炒豆皮高麗菜

鹹甜重口味的中式小炒。

麵味露炒豆皮青椒

奶油＋麵味露的調味強化了香氣與鮮味。

材料（2 人份）

油豆腐外皮…1 塊豆腐的分量
青椒…5 個
奶油…10g
麵味露（3 倍濃縮型）…½ 大匙

1 油豆腐外皮用手剝成一口大小，青椒對半縱切開來，去除蒂頭與籽，用手掰成一口大小。

2 奶油放入平底鍋，開大火融化，放入作法 **1** 拌炒。炒得差不多之後，倒入麵味露快炒一下即可起鍋。

材料（2 人份）

油豆腐外皮
　…1 塊豆腐的分量
高麗菜…150g
洋蔥…¼ 個
麻油…2 小匙
A 蠔油…2 小匙
　醬油、味醂…各 1 小匙

1 油豆腐外皮切成一口大小，高麗菜切成 3～4cm 的方形，洋蔥縱切成細絲。

2 平底鍋中倒入麻油，以中火熱鍋，放入油豆腐外皮、洋蔥拌炒。炒到洋蔥變軟後，加入高麗菜一起翻炒均勻，最後加入 **A**，炒到入味即可起鍋。

搭配起司也合拍！

沙丁魚番茄披薩

擠上美乃滋烤得香酥可口。

魩仔魚海苔和風披薩

材料（2 人份）

油豆腐外皮⋯1 塊豆腐的分量
莫札瑞拉起司⋯50g
油漬沙丁魚罐頭⋯4 條
油漬番茄乾＊⋯25g
＊也可使用切片的新鮮小番茄代替。

1 番茄乾切丁。

2 將兩片油豆腐外皮鋪在鋁箔
紙上，用手將莫札瑞拉起司
剝小塊後放上去，再擺上作
法 1 和沙丁魚。放入小烤箱
烤 3 ～ 4 分鐘，油豆腐外皮
稍微上色即可。

材料（2 人份）

油豆腐外皮
　　⋯1 塊豆腐的分量
魩仔魚⋯25g
青紫蘇葉⋯2 片
海苔絲⋯適量
日式美乃滋⋯2 小匙

1 青紫蘇葉摘除葉梗，切成細
絲。

2 將兩片油豆腐外皮鋪在鋁箔
紙上，分別放上等量的　仔
魚、作法 1、海苔絲，擠上
美乃滋。放入小烤箱烤 3 ～
4 分鐘，油豆腐外皮稍微上
色即可。

代替瀝除水分的豆腐

放進焗烤盤烤一下即可。

番茄卡門貝爾
起司焗豆腐

功夫下酒菜。

酒粕漬豆腐

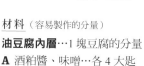

材料（容易製作的分量）

油豆腐內層…1 塊豆腐的分量
A 酒粕醬、味噌…各 4 大匙

1 調理盆中放入 **A** 充分拌勻。

2 在密封容器中鋪入一半的作法 **1**，放上一層廚房紙巾，擺上油豆腐內層後再墊一層廚房紙巾，鋪入剩下的作法 **1**。放入冰箱冷藏保存，大約 3 天後為最佳賞味時機。可保存 1 週左右。食用前切成 1cm 寬的厚片即可盛盤。

材料（2 人份）

油豆腐內層…1 塊豆腐的分量
培根…2 片
卡門貝爾起司…50g
黑橄欖…10 顆
市售番茄醬…6 大匙

1 培根切成 1cm 寬。

2 焗烤盤中放入剝成小塊的油豆腐內層、卡門貝爾起司，撒上橄欖和作法 **1** 的培根。

3 將番茄醬淋在作法 **2** 上，用小烤箱烤 4～5 分鐘稍微上色即可。

豆腐田樂

抹上孜然風味的味噌醬。

材料（2人份）

油豆腐內層…1塊豆腐的分量
A 味噌、味醂…各1大匙
　砂糖…1小匙
　麻油…½小匙
　孜然…撒3下
青紫蘇葉…2片

1 油豆腐切成4等份。

2 調理盆中放入 **A** 充分拌勻，等量塗抹在作法 **1** 上面。

3 將作法 **2** 排放在鋪了鋁箔紙的烤盤上，放入小烤箱烤4～5分鐘，上色即可。連同摘除葉梗的青紫蘇葉一起盛盤。

豆腐雞肉餅

軟嫩的溫和口感。

材料（2人份）

油豆腐內層…1塊豆腐的分量
雞絞肉…150g
大蔥…¼根
薑…約10g
片栗粉…1小匙
麻油…2小匙
A 醬油、味醂…各1大匙
蘿蔔嬰…適量

1 大蔥和薑切末。

2 調理盆中放入油豆腐內層、雞絞肉、作法 **1**、片栗粉，揉捏拌勻，捏成6等份的圓扁狀肉餅。

3 平底鍋中倒入麻油，以中火熱鍋，放入作法 **2** 煎烤2～3分鐘，翻面後再煎2～3分鐘。倒入混合好的 **A**，待肉餅均勻沾裹醬汁即可關火，盛盤後擺上蘿蔔嬰裝飾。

炸豆皮

炸豆皮是將豆腐切薄片後油炸製成。在日本依地區會稱作「油揚げ」或「揚げ」、「薄揚げ」。豆皮也和其他豆製品一樣含有豐富的蛋白質，屬於高營養食材。不過，一旦表層油脂氧化，便會連帶影響炸豆皮的風味和營養價值。在從前的時代，人們會用回鍋油製作炸豆皮，因此大家都知道在吃之前要先在熱水裡涮幾下去油，不過現今生產的工廠都有嚴謹的製程管理，不一定需要經過去油步驟。反之，炸豆皮的油可以是料理的鮮味來源，只要在買回家之後盡快料理，或是冷凍起來，不去油反而更加分。

日式調味豆皮

これ一招真好用 POINT

浸在醬汁裡冷凍保存

炸豆皮先用水汆燙，接著浸泡在醬汁裡冷凍保存。明明沒有經過烹調，味道卻像長時間燉煮過一般入味可口，真是令人訝異。冰箱有了這項食材，不管是稻禾烏龍麵或豆皮壽司，隨時都能輕鬆端上桌。

材料（容易製作的分量）
炸豆皮…4 片
A 米酒、味醂、醬油…各 2 大匙
│ 砂糖…2 小匙

1 炸豆皮切成兩半，讓中間的袋口打開。燒一鍋熱水（水量要多一點），水滾後放入炸豆皮汆燙 30 秒，撈起裝入可冷凍、可微波的夾鏈袋，分兩袋（一袋各 4 塊）。裝進袋子前不需要將水分完全瀝乾也沒關係。

2 另起一鍋以中火加熱 **A**，滾沸後等量倒入作法 **1** 的兩個夾鏈袋中，待熱氣散去後，將夾鏈袋內的空氣壓出再封口，放入冰箱冷凍 1 小時以上。

保存 2～3 週

填入壽司飯就做好了。

不用滷的豆皮壽司

材料（2人份）

日式調味豆皮（冷凍）
…1袋（4塊）

溫熱的白飯…200g

A 醋…1大匙
砂糖…1小匙
鹽…少許

1 豆皮連同夾鏈袋放進微波爐，加熱約2分鐘解凍。

2 調理盆中放入白飯，倒入混合好的**A**拌勻。

3 將作法**1**的醬汁擠乾，等量填入作法**2**即可盛盤，如果有準備甜醋漬薑也可以放在一旁享用。

炸豆皮的鮮味留在麵湯裡。

3分鐘稻禾烏龍麵

材料（2人份）

日式調味豆皮（冷凍）
…1袋（4塊）

熟烏龍麵…2球

日式高湯…4杯

A 味醂、醬油…各½大匙
鹽…1小匙

珠蔥（切蔥花）…適量

1 鍋中倒入高湯，以中火加熱，放入**A**與冷凍的豆皮快煮一下。

2 另起一鍋將熟烏龍麵煮開，用濾網瀝乾水分，裝入碗裡，等量淋上作法**1**，再撒上蔥花即可享用。

豆皮福袋煮蛋

填入雞蛋微波即可。

材料（容易製作的分量）

日式調味豆皮（冷凍）…1 袋（4 塊）

雞蛋…4 顆

1 豆皮連同夾鏈袋放進微波爐，加熱 1 分鐘左右解凍。

2 在每一塊作法 **1** 的豆皮中打入 1 顆蛋，用牙籤在蛋黃上刺一個洞，並小心別弄破。再用牙籤將豆皮的袋口縫起來。

3 將作法 **2** 排入耐熱盤中，淋上夾鏈袋中剩餘的醬汁，輕輕蓋上保鮮膜，微波加熱 3 分 30 秒～4 分鐘即完成。

豆皮蘿蔔泥涼拌豬肉片

豬肉的鮮味與清爽的蘿蔔泥很合拍。

材料（2 人份）

日式調味豆皮（冷凍）…1 袋（4 塊）

豬里肌肉（火鍋用）…200g

白蘿蔔…200g

蘿蔔嬰…30g

市售日式桔醋醬油…2 大匙

1 豆皮連同夾鏈袋放進微波爐，加熱 1 分鐘左右解凍。切成 5mm 寬。

2 以中火燒一鍋熱水（水量要多一點），在滾沸前將豬肉下鍋涮煮。肉色變白之後，起鍋放入冰水中冰鎮，接著將水分瀝乾。白蘿蔔磨成泥後擠乾水分。蘿蔔嬰切除根部。

3 將作法 **1** 和作法 **2** 盛入盤中，淋上桔醋醬油即可享用。

品嘗手撕豆皮的獨特口感。

豆皮番茄燉雞

把豬肉片捲一捲串起來。

豆皮肉卷

材料（2 人份）

日式調味豆皮（冷凍）…1 袋（4 塊）
雞腿肉…200g
番茄…2 個
大蔥…½ 根
鹽、胡椒…各適量
橄欖油…2 小匙

1 將豆皮撕成適口大小。

2 番茄去蒂，切成 2cm 的方塊狀。

3 雞肉切成 3cm 方塊狀，撒上少許
鹽和胡椒。大蔥對半縱切，再斜切
成薄片。

4 鍋中倒入橄欖油，以中火加熱，
放入作法 **3** 拌炒。雞肉顏色變白
後，加入作法 **1** 和作法 **2** 拌炒。
蓋上鍋蓋轉小火燉煮 10 分鐘，再
以鹽和胡椒調味即完成。

材料（2 人份）

日式調味豆皮（冷凍）…1 袋（4 塊）
豬里肌肉片…4 片（80g）
糯米椒…4 根

1 豆皮連同夾鏈袋放進微波爐，加熱
1 分鐘左右解凍。將豆皮袋口的兩
邊用刀劃開，攤開成長方形，分別
放上 1 片豬肉，從一端捲起，用牙
籤穿入固定。

2 用牙籤在糯米椒上戳幾個洞。

3 耐熱盤中放入作法 **1** 和作法 **2**，
輕輕蓋上保鮮膜，微波加熱 3 分鐘
左右即可。

豆皮蔬菜拌飯

滿滿的香味
蔬菜讓滋味更豐富。

材料（2 人份）

日式調味豆皮（冷凍）…1 袋（4 塊）
溫熱的白飯…300g
小黃瓜…½ 根
青紫蘇葉…3 片
茗荷…1 個
小魚乾…20g
熟白芝麻…2 小匙

1 豆皮連同夾鏈袋放進微波爐，加熱約 2 分鐘，不燙手後切成 1cm 寬。

2 小黃瓜切成薄片放入調理盆中，撒上¼小匙的鹽（分量外）搓揉，將水分擠乾。青紫蘇葉摘除葉梗，對半縱切開來再切成細絲。茗荷對半縱切開來，斜切成薄片。

3 調理盆中放入白飯，加入作法 **1**、作法 **2**、小魚乾、白芝麻，翻拌一下即可盛到碗裡享用。

豆皮韭菜雞蛋蓋飯

半熟蛋輕柔地包住甜鹹豆皮。

材料（2 人份）

日式調味豆皮（冷凍）…1 袋（4 塊）
溫熱的白飯…2 碗
水…½ 杯
韭菜…40g
雞蛋…2 顆
鹽…2 小撮

1 將豆皮撕成適口大小。連同醬汁倒入鍋中，加入水。

2 韭菜切成 3cm 長，放入作法 **1** 的鍋子裡，開中火加熱。

3 調理盆中打入蛋攪散，加入鹽，以畫圈的方式淋入煮滾的作法 **2** 中。蛋煮到半熟後關火，等量淋在兩碗飯上即可。

炸豆皮

日式調味豆皮

材料（2人份）

日式調味豆皮（冷凍）
　…1袋（4塊）
油麵…2球
豌豆苗…100g
乾燥黑木耳…5g
大蔥…½根
A 水…2又½杯
　│ 顆粒雞骨湯粉…1小匙

B 鹽…¼小匙
　│ 胡椒…少許
C 片栗粉、水
　│ 　…各2小匙
米酒…2大匙
麻油…4小匙

豆皮餡料與煎得焦香的麵很相配。

豆皮豌豆苗燴炒麵

1 將豆皮撕成適口大小。

2 豌豆苗切成2cm寬。黑木耳浸水15分鐘左右泡開，切除根部後切成一口大小。大蔥對半縱切，再斜切成薄片。

3 將**A**倒入小鍋子裡煮滾，放入作法**1**、作法**2**，煮約3分鐘。再加入**B**與混合好的**C**。

4 平底鍋中放入一球麵，撒上1大匙米酒後蓋上鍋蓋，以中火燜1分鐘左右。將麵撥散後從邊緣畫圈淋入1小匙麻油，用鍋鏟輕壓煎烤，翻面再從邊緣畫圈淋入1小匙麻油，一樣用鍋鏟輕壓煎烤。剩下的另一球麵以同樣方式煎烤完成後，盛入盤裡，等量淋上作法**3**即可享用。

材料（2人份）

日式調味豆皮（冷凍）…1袋（4塊）
乾蕎麥麵…160g
酸菜…40g
海苔絲…適量
白芝麻粉…2小匙

將豆皮和酸菜的鮮味拌進麵裡。

豆皮酸菜蕎麥拌麵

1 豆皮連同夾鏈袋放進微波爐，加熱約2分鐘。不燙手後切成5mm寬。醬汁留著備用。

2 酸菜切碎。

3 燒一鍋熱水（水量要多一點），滾沸後放入蕎麥麵，依照外包裝的說明煮熟。用濾網撈起，放在流動的冷水下沖洗後瀝乾水分。

4 將作法**3**盛入碗裡，擺上作法**1**並淋上醬汁，再放上作法**2**、海苔絲、白芝麻粉。拌勻後即可享用。

生豆渣

生豆渣是製作豆腐的豆漿過濾後的殘渣。即便是這樣的「殘渣」，也富含黃豆的營養成分，而且風味濃郁鮮美。生豆渣的膳食纖維含量大約是蔬菜裡高纖佼佼者「牛蒡」的兩倍。而生豆渣所含的膳食纖維屬非水溶性，胃和小腸無法消化，輸送到大腸後能刺激腸道，有助緩解便秘。此外，生豆渣也含有豐富的蛋白質、維生素及礦物質。生豆渣不耐保存，通常會建議盡早食用完畢，不過只要知道如何冷凍保存，就不需要急著吃完了。

這一招真好用 POINT

冷凍小菜

做成料理冷凍保存

剛做好的豆渣料理，吃掉一半之後，剩下的用鋁箔杯分裝成小份冷凍保存。當作便當配菜或是想加菜時都不需要再烹調，解凍就能食用，非常方便。

豆渣美乃滋沙拉

把濃縮鮮味的罐頭湯汁一起加進去。

材料（容易製作的分量）
生豆渣…200g
水煮鮭魚罐頭…1罐（90g）
小黃瓜…½根
紫洋蔥…¼個
A 日式美乃滋…30g
　鹽、胡椒…各少許

1 小黃瓜切薄片，紫洋蔥橫切成絲，一起放入調理盆中，接著撒上⅓小匙的鹽（分量外），搓揉至出水變軟，將水分擠乾。

2 取一個大的調理盆，放入豆渣和作法1，再將水煮鮭魚罐頭連同湯汁整罐倒進去。加入A，充分拌勻即完成。

冷凍 將做好的作法2對分成一半後，用鋁箔杯分裝成小份，再裝進密封容器中冷凍保存。

保存 2～3週

解凍 室溫下自然解凍

加了青椒的嶄新滋味。

豆渣拌菜

冷凍

保存

解凍

請參照 p.28

材料（容易製作的分量）

生豆渣…200g

牛蒡…50g

鴻喜菇…100g

大蔥…½根

青椒…2 個

麻油…2 小匙

A 日式高湯…1 又 ½ 杯

　醬油…3 大匙

　味醂…2 大匙

1 牛蒡去皮，用刀削成薄片，過一下冷水後將水分瀝乾。鴻喜菇切除根部，一根根撥散開來。大蔥對半縱切，再斜切成薄片。

2 青椒對半縱切，切除蒂頭、去籽，橫切成細條狀。

3 平底鍋中倒入麻油，以中火熱鍋，放入作法 **1** 拌炒。大致炒勻後，加入豆渣拌炒均勻。

4 倒入 **A**，拌炒至湯汁收乾，再放入作法 **2** 的青椒快炒一下即完成。

用生豆渣取代庫斯庫斯。

豆渣塔布勒沙拉 *

冷凍

保存

解凍

請參照 p.28

材料（容易製作的分量）

生豆渣⋯200g

紅椒⋯½個

紫洋蔥⋯½個

黑橄欖⋯50g

香菜⋯20g

A 蒜泥⋯約 5g

　　橄欖油、白葡萄酒醋⋯各 2 大匙

　　鹽⋯½小匙

　　胡椒⋯少許

1 將豆渣在耐熱盤上鋪開，不蓋保
　鮮膜直接放入微波爐加熱約 2 分
　鐘，取出後放著讓水氣蒸散。

2 紅椒、紫洋蔥切碎，橄欖切片，
　香菜切成 5mm 長。

3 調理盆中放入作法 **1** 和作法 **2**，
　加入混合均勻的 **A**，充分拌勻即
　可享用。

* 譯註：法語 Taboulé ／英語 Tabbouleh。

30

冷凍
保存
解凍

請參照 p.28

撒在白飯上即可。

豆渣雞肉鬆蓋飯

材料（容易製作的分量，蓋飯為 4 人份）

〔豆渣雞肉鬆〕

生豆渣…200g

雞絞肉…200g

麻油…2 小匙

A 醬油…1 又½大匙　　〔蓋飯〕

　味噌…2 大匙　　　溫熱的白飯…4 碗

　味醂…3 大匙　　　山芹菜…適量

　砂糖…2 小匙

1 平底鍋中倒入麻油，以中火熱鍋，放入雞絞肉下鍋拌炒。炒到肉色變白後，加入豆渣，繼續炒 1 分鐘左右。

2 大致炒勻後，倒入拌勻的 **A**，炒至湯汁收乾。

3 碗裡盛入白飯，鋪上豆渣雞肉鬆，再撒些切碎的山芹菜即可享用。

冷凍
保存
解凍

請參照 p.28

散發溫和甜味的解膩小菜。

豆渣地瓜沙拉

材料（容易製作的分量）

生豆渣…100g

地瓜…200g

A 酒粕醬…100g

　橄欖油…3 大匙

　蜂蜜…1 小匙

　鹽…⅓ 小匙

　胡椒…少許

1 地瓜切成一口大小，排入耐熱盤中，鋪上用水沾濕的廚房紙巾，再輕輕蓋上保鮮膜，放入微波爐加熱 5 分鐘左右。

2 將作法 1 裝進耐熱調理盆中，用叉子背面或其他合適的工具壓碎，接著加入 **A** 和豆渣攪拌均勻，即可盛盤享用。

冷凍	裝進鋪了烘焙紙的密封容器中，放冰箱冷凍保存。
保存	2～3 週
解凍	冷凍狀態直接放入低溫的炸油中，再慢慢地提高油溫炸熟。

無須解凍即可下鍋油炸。

豆渣雞塊

材料（雞塊為 4 人份，沾醬為 2 人份）

〔雞塊〕

生豆渣…150g

A 雞絞肉（雞胸）…300g

　雞蛋…1 顆

　薑泥…約 10g

　綜合香草…1 小匙

　日式美乃滋…2 大匙

　鹽…½ 小匙

　胡椒…少許

麵粉…3 大匙

炸油…適量

〔沾醬〕

B 番茄醬…1 大匙

　顆粒芥末醬、蜂蜜…各 1 小匙

1　調理盆中放入豆渣、**A** 充分拌勻，分成 12 等份，捏成圓餅狀，均勻裹上薄薄一層麵粉。

2　將炸油預熱至 170℃，放入一半的作法 **1**，炸約 5 分鐘至表層酥脆，炸的過程中要適時翻動。將油瀝乾後，盛盤並附上沾醬，一旁也可放上平葉巴西里點綴。

這一招真好用
POINT

冷凍餡料

做成餡料冷凍保存

把豆渣做成雞塊或漢堡之類的餡料，一半直接烹調享用，剩下的冷凍保存。

有些菜色無須解凍即可烹調，有些則是半解凍就可以下鍋煎或燉煮。

生豆渣

冷凍	一個個分別用保鮮膜包起來，裝入可冷凍的夾鏈袋，放冰箱冷凍保存。
保存	2～3週
解凍	微波至半解凍狀態，用植物油煎至兩面上色，加入醬汁燉煮約10分鐘。

冷凍	將一半的作法3放涼後裝進可冷凍的夾鏈袋，攤平後封口，放冰箱冷凍保存。
保存	2～3週
解凍	室溫下自然解凍或微波至半解凍狀態。

番茄燉煮豆渣漢堡排

用番茄汁做的醬汁燉煮入味。

材料（豆渣漢堡排為4人份，醬汁為2人份）

〔豆渣漢堡排〕

生豆渣…150g

A 牛豬混合絞肉…300g

　雞蛋…1顆

　市售炸洋蔥＊…25g

　鹽…½小匙

　胡椒…少許

植物油…2小匙

〔醬汁〕

B 市售番茄汁…1杯

　伍斯特醬…1大匙

　顆粒芥末醬…2小匙

＊也可將洋蔥切成薄片油炸至稍微上色使用。

1 調理盆中放入豆渣、**A**充分拌勻。分成4等份，捏成扁扁的橢圓形。

2 平底鍋中倒入植物油，以中火熱鍋，將一半的作法**1**下鍋煎至兩面出現漂亮的烤色。倒入混合好的**B**，轉中大火燉煮約7分鐘即可盛盤，一旁也可放上西洋菜點綴。

豆渣焗烤雞肉鴻喜菇

將焗烤用的白醬一次做好保存起來。

材料（白醬為4人份，焗烤為2人份）

〔白醬〕

生豆渣…150g

雞腿肉…2小片（400g）

鴻喜菇…100g

大蔥…1根

奶油…20g

A 鹽、胡椒…各少許

B 牛奶…1又½杯

　鹽…½小匙

　胡椒…少許

〔焗烤〕

披薩起司絲…50g

1 雞肉切成3cm塊狀，撒上**A**。

2 鴻喜菇切除根部，一根根撥散開來。大蔥斜切成薄片。

3 平底鍋中放入奶油，以中火加熱融化，將作法**1**兩面煎至上色。接著將作法**2**下鍋拌炒，再放入豆渣、**B**混拌均勻，燉煮約5分鐘至變成濃稠的白醬。

4 在耐熱容器中裝入一半的作法**3**，鋪上起司絲，用小烤箱烤10分鐘左右即完成。

納豆

納豆是蒸過的黃豆經納豆菌發酵而成，營養價值更勝黃豆，被譽為超級健康食物。其中作為提升脂質、醣類代謝所不可或缺的維生素B₂，約是黃豆的兩倍。此外，納豆含有的酵素「納豆激酶」有溶解血栓的作用，據說可以預防腦中風與心肌梗塞。因此，納豆可以說是隨著年紀增長而該積極攝取的一項食材。納豆雖然耐保存，但經常買回家冷藏卻忘了用完，時隔數月發現還有一盒靜靜躺在冰箱的一角。為了不再重蹈覆轍，買回家之後就先冷凍起來才是上策。冷凍時直接連同外盒一併放入冷凍庫即可，可以的話最好用保鮮膜包起來，但是不包也無妨。取出使用時，室溫自然解凍會花上一些時間，因此本篇會介紹三種烹調方式。

這一招真好用 POINT

冷凍納豆

將盒裝納豆從盒子的上方用保鮮膜緊緊包起來，放入冰箱冷凍保存。

保存 2～3週

整盒納豆冷凍保存

用冷凍的納豆取代冰塊，加進湯汁或沾醬裡，品嘗冰冰涼涼的口感和絕佳的風味。

納豆冷湯

用冷凍納豆把熱湯變冷湯。

材料（2 人份）

納豆（冷凍）⋯100g
白飯⋯2 碗
水煮鯖魚罐頭⋯100g
小黃瓜⋯½ 根
青紫蘇葉⋯3 片
A 日式高湯⋯1 又 ½ 杯
│ 味噌⋯1 大匙
熟白芝麻⋯2 小匙

1 將 **A** 倒入調理盆中，放入納豆解凍。

2 小黃瓜切薄片，撒上 ¼ 小匙的鹽（分量外）搓揉，變軟之後擠乾水分。青紫蘇摘除葉梗，切成細絲。

3 碗裡盛入白飯，等量擺上瀝乾湯汁的鯖魚、作法 **2** 和白芝麻，再淋上混拌均勻的作法 **1** 即完成。

納豆沾醬麵線

將納豆加到沾醬裡。

材料（2 人份）

納豆（冷凍）⋯100g
麵線⋯3 把（150g）
A 麵味露（3 倍濃縮型）⋯¼ 杯
│ 水⋯1 杯
B 蔥（切蔥花）⋯適量
│ 白芝麻粉⋯2 小匙

1 在混合均勻的 **A** 中放入納豆解凍。

2 燒一鍋熱水（水量要多一點），依照外包裝的說明將麵線煮熟，起鍋後瀝乾水分，用流動的冷水沖洗，瀝乾水分後盛入碗中。

3 將作法 **1** 裝入另一個容器，撒上 **B**。夾取麵線沾醬食用。

冷凍狀態捲起來更容易。

納豆炸肉卷

直接烹調不解凍

材料（2人份）

納豆（冷凍）…100g
豬里肌肉片…6片（120g）
A 鹽、胡椒…各少許
麵粉、蛋液、麵包粉…各適量
炸油…適量
高麗菜（切絲）、巴西里…各適量
中濃醬…適量

1 豬肉片攤平，撒上 **A**。

2 納豆切分成 3 等份，擺在作法 **1** 上捲起來。依序裹上麵粉、蛋液、麵包粉。

3 炸油預熱至 170℃，將作法 **2** 下鍋炸 3～5 分鐘至表層金黃酥脆，炸的過程中要適時翻動。瀝乾油分後即可盛盤，一旁擺上高麗菜絲、巴西里，淋上中濃醬享用。

納豆番茄湯

湯裡加入冷凍納豆提升鮮味。

材料（2 人份）
納豆（冷凍）…100g
豬絞肉…100g
洋蔥…¼ 個
西洋芹…¼ 根
小番茄…6 顆
橄欖油…2 小匙
A 水、市售番茄汁…各 1 杯
B 鹽…¼ 小匙
胡椒…少許
納豆附的醬汁…2 包

1 洋蔥、西洋芹切碎。

2 平底鍋中倒入橄欖油，以中火熱鍋，
將絞肉、作法 **1** 下鍋拌炒。絞肉顏
色炒到變白後，加入 **A**、納豆、去
掉蒂頭的小番茄。

3 煮滾之後，加入 **B** 攪拌均勻即完成。

納豆咖哩烏龍麵

讓湯汁變得滑順美味。

材料（2 人份）
納豆（冷凍）…100g
熟烏龍麵（冷凍）…2 球
秋葵…6 根
鴻喜菇…50g
大蔥…¼ 根
日式高湯…4 杯
A 醬油、味醂…各 1 又 ½ 大匙
鹽…¼ 小匙
咖哩粉…1 小匙

1 秋葵切除蒂頭，將周圍一圈粗硬的邊
緣削除，斜切成兩半。鴻喜菇切除根
部，一根根撥散開來。大蔥斜切成
5mm 寬。

2 鍋中倒入高湯，用中火加熱至沸騰，
加入作法 **1** 和納豆。再次滾沸後轉
中小火，煮 3 分鐘左右。

3 將 **A** 倒入作法 **2** 中，放入烏龍麵加
熱 1 ～ 2 分鐘即可起鍋。

把絞肉和納豆均勻炒開。

沖水解凍

生菜納豆肉鬆

材料（2 人份）

納豆（冷凍・沖水解凍）…100g

豬絞肉…150g

生菜…8 片

大蔥…¼ 根

薑、大蒜…各約 10g

麻油…2 小匙

A 味噌…1 又 ½ 大匙

　味醂…3 大匙

　醬油…1 小匙

小黃瓜（切絲）…½ 根

香菜（切成 3cm 長）…20g

1 蔥、薑、蒜切碎。

2 平底鍋中倒入麻油，以中火熱鍋，將作法 **1** 下鍋爆香。接著放入絞肉、納豆拌炒。

3 大致炒勻後，放入攪拌好的 **A** 拌炒均勻。起鍋盛盤，附上生菜、小黃瓜絲和香菜，將炒好的納豆肉鬆放在生菜上，再擺上小黃瓜絲、香菜一起包起來享用。

納豆炒飯

充分突顯出每一樣食材的風味。

材料（2 人份）

納豆（冷凍‧沖水解凍）…100g

雞蛋…2 顆

大蔥…½ 根

溫熱的白飯…300g

麻油…2 小匙

A 鹽…⅓ 小匙

　胡椒…少許

　醬油…1 小匙

　咖哩粉…½ 小匙

1 調理盆中放入雞蛋打散。

2 大蔥切成蔥末。

3 平底鍋中倒入麻油，以中火熱鍋，加入作法 **2** 炒香。接著加入納豆炒一下，倒入白飯翻炒均勻。

4 將白飯炒得粒粒分明後，倒入作法 **1** 拌炒，再加入 **A** 炒勻即可起鍋。

納豆起司焗飯

展現出黃豆特有的鬆軟口感。

材料（2 人份）

納豆（冷凍‧沖水解凍）…100g

白飯（使用糙米飯更佳）…2 碗

青椒…3 個

奶油…20g

麵粉…2 大匙

牛奶…2 杯

A 鹽…⅓ 小匙

　胡椒…少許

披薩起司絲…30g

1 青椒縱切成兩半，切掉蒂頭、去籽，再切成 5mm 方塊狀。

2 平底鍋中放入奶油，以中火融化，放入麵粉拌炒。炒到粉粒徹底融化後，將牛奶分次少量倒進鍋裡，混合均勻。

3 將納豆和作法 **1** 加進作法 **2** 中，撒上 **A**。

4 將白飯裝進耐熱容器裡，鋪上作法 **3**，撒上起司絲，放入預熱至 230℃ 的烤箱，烤 10 分鐘左右即完成。

豆漿

豆漿是將黃豆泡水後磨碎，再加水熬煮製成。豆漿和黃豆一樣屬於健康食品，兩者皆富含蛋白質、維生素、礦物質、大豆異黃酮與大豆皂苷等營養素。在日本，豆漿分為「無調整豆漿」與「調製豆漿」兩種類型。無調整豆漿指的是除了水以外未添加其他成分，能夠品嘗到黃豆特有的風味，特色是如豆腐般的味道，本篇介紹的料理使用的都是無調整豆漿。另一方面，調製豆漿則是指額外添加了鹽、油脂和香料等成分，喝起來像飲料般可口的豆漿。想找喝起來順口的豆漿，可以選擇這種類型。豆漿一旦開封最好盡早使用完畢。若不是買來大量飲用，可以選擇購買小罐包裝的產品。

豆漿起司

˙˙
加醋凝固

豆漿加入醋之後，蛋白質成分會因為遇酸而凝固，使得原本的液狀變成濃稠的半凝固狀態。本篇便是利用這樣的特性做成湯品，甚至過濾後製成豆漿起司。

1

鍋中放入豆漿，用中小火加熱，溫熱後加入醋。

2

關火後用橡皮刮刀輕柔地混拌均勻。

材料（2 人份）

豆漿（無調整）…2 杯

醋…4 小匙

A 顆粒雞骨湯粉…½小匙

　　鹽…⅓小匙

　　胡椒…少許

蔥（切蔥花）…適量

辣油…少許

1 鍋中放入豆漿，用中小火加熱至開始起泡後關火，倒入醋混合均勻，此時鍋中的湯會變成黏稠的質地。

2 將 **A** 加進作法 **1** 中，盛入碗裡後撒上蔥花，淋上辣油即可享用。

簡易鹹豆漿

在濃稠的湯裡加進辣油提味。

豆漿起司拌葡萄

茅屋起司般的清爽口感。

材料（2 人份）

豆漿（無調整）…1 杯

醋…2 小匙

可帶皮食用的葡萄…200g

蜂蜜…20g

1 同上方「簡易鹹豆漿」的作法 **1**，完成後用咖啡濾紙過濾並放涼。

2 調理盆中放入對半切開的葡萄、作法 **1** 和蜂蜜拌勻即完成。

★過濾出來的汁液也可用來加在味噌湯或果昔裡。

取代高湯

提升鮮味與風味

以豆漿代替高湯煮出鮮味，做成湯品和燉菜，能品嘗到健康又柔和的滋味。

雞肉蕪菁豆漿燉菜

食材裡嘗得到豆漿的溫潤滋味。

<u>材料</u>（2 人份）

豆漿（無調整）…1 杯
雞腿肉…1 片（250g）
蕪菁…3 個
洋蔥…½個
月桂葉…1 片
A 鹽、胡椒…各少許
水…約 1 又½杯
B 鹽…½ 小匙
│ 胡椒…少許
麵粉…1 大匙

1　雞肉切成一口大小，撒上 **A**。蕪菁保留約 1cm 的莖部，去皮後切成 4 等份。洋蔥縱切成 1cm 寬。

2　鍋中放入作法 **1**、月桂葉，倒入水（剛好蓋到食材的水量），開中火加熱。煮滾後蓋上鍋蓋，轉小火煮約 10 分鐘。加入豆漿和 **B**，用茶篩篩入麵粉勾芡即完成。

鮭魚白菜和風鹹豆漿

喝下肚身心都放鬆。

材料（2 人份）

豆漿（無調整）…1 杯
生鮭魚塊…2 塊
白菜…150g
大蔥…½ 根
A 乾燥海帶結…6 個
　｜水…1 又 ½ 杯
B 鹽、胡椒…各少許
酒粕醬…2 大匙
鹽…½ 小匙

1 鍋中放入 **A** 以水泡開。

2 鮭魚各切成 3 等份，撒上 **B**。白菜切成 3cm 的方形，大蔥斜切成 1cm 寬。

3 將作法 **1** 用中火加熱，煮滾後加入作法 **2**，蓋上鍋蓋轉小火煮約 8 分鐘。倒入豆漿、酒粕醬、鹽拌勻即完成。

絞肉擔擔鹹豆漿

與麻辣口感的配料也很合拍。

材料（2 人份）

豆漿（無調整）…1 杯
豬絞肉…100g
韭菜…40g
豆芽菜…200g
大蒜…約 10g
麻油…1 小匙
豆瓣醬…½ 小匙
A 蠔油…2 小匙
　｜鹽、胡椒…各少許
B 水…1 杯
　｜顆粒雞骨湯粉…½ 小匙

1 韭菜切成 1cm 寬，大蒜切末。

2 平底鍋中放入麻油、蒜末、豆瓣醬，以中火加熱爆香，加入絞肉、韭菜拌炒。炒到絞肉顏色變白後，加入 **A** 炒勻後關火，盛起。

3 鍋中放入 **B**，開中火加熱，煮滾後放入豆芽菜煮約 2 分鐘，再倒入豆漿加熱一下即可盛入碗裡，舀入作法 **2** 享用。

冷凍燉飯

白飯加入配菜和豆漿冷凍保存

把白飯裝進可冷凍的密封容器，擺上配菜、倒入豆漿冷凍起來即可。

配菜的鮮味會隨著時間慢慢滲入白飯裡，能品嘗到像是經過炊煮一般的燉飯滋味。

保存 2～3 週

解凍 密封容器斜斜地放上蓋子，保留空隙不蓋緊，放入微波爐加熱 7 分鐘。

香濃可口的滋味。

培根豆漿起司燉飯

材料（2 人份）

豆漿（無調整）…1 又 ½ 杯
白飯…300g
培根…2 片
鴻喜菇…100g
菠菜…100g
奶油…10g
A 鹽…½ 小匙
│ 胡椒…少許
披薩起司絲…50g

1 培根切成 1cm 寬。鴻喜菇切除根部，一根根撥散開來。菠菜用加了少許鹽（分量外）的熱水汆燙一下，瀝乾並放涼後，擠乾水分，切成 1cm 寬。

2 平底鍋中放入奶油，以中火融化，放入作法 1 拌炒，撒上 **A** 後關火放涼。

3 準備 2 個可冷凍且可微波的密封容器（容量約 500ml）等量裝入白飯，鋪上作法 2 和起司絲，最後淋上豆漿。

材料（2人份）

豆漿（無調整）···1 又½杯
白飯···300g
雞腿肉···½小片（100g）
洋蔥（切碎）···¼個
青花菜···100g
杏鮑菇···1 根（30g）
橄欖油···2 小匙
A 咖哩粉···1 小匙
　│ 鹽···½ 小匙
　│ 胡椒···少許

保存
解凍
請參照 p.44

帶有咖哩粉的辛香味。

雞肉豆漿咖哩燉飯

1　雞肉切成 2cm 方塊狀。

2　青花菜切分成小朵。杏鮑菇縱切成兩半，切成 4cm 長，再縱切成薄片。

3　平底鍋中倒入橄欖油，以中火熱鍋，放入作法 1、洋蔥拌炒。炒到雞肉顏色變白之後，加入作法 2 炒勻，撒上 A 後關火放涼。

4　準備 2 個可冷凍且可微波的密封容器（容量約 500ml）等量裝入白飯，鋪上作法 3，最後淋上豆漿。

材料（2人份）

豆漿（無調整）···1 杯
糙米飯···300g
生鱈魚塊···2 塊
玉米濃湯罐頭···1 杯
鹽昆布*···10g
A 鹽···少許
　│ 米酒···1 大匙

*譯註：昆布切絲後以鹽和醬油、砂糖等煮過調味的市售產品。

保存
解凍
請參照 p.44

用玉米濃湯罐頭讓滋味深厚濃郁。

鱈魚豆漿奶油燉飯

1　鱈魚切成一口大小，放入耐熱容器中，撒上 A。輕輕蓋上保鮮膜，微波 2 分鐘左右。

2　準備 2 個可冷凍且可微波的密封容器（容量約 500ml）等量裝入糙米飯，倒入玉米濃湯，再擺上作法 1 和鹽昆布，最後淋上豆漿。

高野豆腐

高野豆腐是水分含量較少且較紮實的板豆腐結凍後，經過低溫熟成，再使用烘烤等方式乾燥而成。在日本也有「凍豆腐」的別稱。高野豆腐和豆腐一樣都是含有蛋白質、維生素、礦物質等營養成分的健康食物。從前的高野豆腐需要泡水幾十分鐘才能泡開，不過現在的製品多半短時間就能泡開。高野豆腐十分耐保存，可當成家裡的常備食材，想吃的時候隨時都有，令人心安。本篇使用的高野豆腐只需要5分鐘就能泡開，但市面上的製品琳琅滿目，調理前請先確認包裝上的說明文字。高野豆腐最普遍的用法是泡開後用來做燉煮料理，不過其實用來做西式料理、沙拉，或是炒、炸都很適合，是個實用的好食材。

當吐司使用

·用牛奶浸泡·

高野豆腐用水泡開，再用牛奶浸泡後下鍋煎得焦香。這麼一來，就算家裡吐司吃完了，只要有高野豆腐一樣能快速做出甜品或點心，十分方便。

1 高野豆腐用足量的水浸泡5分鐘泡開，將水分擠乾。

2 放入調理盤中，倒入牛奶。接著再沾裹蛋液麵衣。

法式吐司

軟嫩又飽滿的口感。

材料（2 人份）

高野豆腐…4 塊
牛奶…½ 杯
A 雞蛋…1 顆
　牛奶…¼ 杯
　砂糖…2 小匙
　香草精…撒 5 下
椰子油（或奶油）…20g
肉桂粉…適量
核桃…30g
蜂蜜…2 大匙

1 高野豆腐用水浸泡約 5 分鐘泡開，輕壓擠乾水分。

2 將作法 **1** 放入調理盤中，加入牛奶。

3 調理盆中放入 **A** 攪拌均勻。

4 平底鍋中倒入椰子油，以中火熱鍋，將作法 **2** 放入作法 **3** 裡，裹上麵衣後下鍋，煎至兩面出現漂亮的烤色。盛盤後撒上肉桂粉和剁碎的核桃，最後淋上蜂蜜即完成。

材料（2 人份）

高野豆腐…4 塊　　**A** 雞蛋…1 顆
起司片…4 片　　　　牛奶…¼ 杯
里肌火腿…4 片　　　鹽…2 小撮
巴西里…10g　　　　胡椒…少許
牛奶…½ 杯　　　　奶油…20g

1 高野豆腐用水浸泡約 5 分鐘泡開，輕壓擠乾水分。接著將每一塊豆腐從側面用刀劃開不切斷，讓中間形成口袋狀。

2 將作法 **1** 放入調理盤中，倒入牛奶。

3 將起司片、撕碎的巴西里等量放在火腿上，再對切成一半，夾入作法 **2** 的口袋裡。

4 調理盆中放入 **A** 攪拌均勻。

5 平底鍋中放入奶油，用中火融化，將作法 **3** 放入作法 **4** 裡，裹上麵衣後下鍋，煎至兩面出現漂亮的烤色即可。

公雞先生三明治

快速完成的早餐和點心。

切成一口大小的速成麻婆豆腐。

味噌肉醬高野豆腐

變換切法

享受不同口感的樂趣

配合不同的菜色切塊、切絲或切丁，入味程度和口感會隨之改變，品嘗其中差異也是一種樂趣。

材料（2 人份）

高野豆腐…4 塊

豬絞肉…200g

洋蔥…¼ 個

大蒜、薑…各約 10g

麻油…2 小匙

豆瓣醬…½ 小匙

A 水…1 杯

米酒、味醂…各 2 大匙

砂糖、醬油、味噌
…各 ½ 大匙

B 片栗粉、水…各 2 小匙

蔥（切蔥花）…適量

1 高野豆腐用水浸泡約 5 分鐘泡開，輕壓擠乾水分，切成 1.5cm 的骰子狀。

2 洋蔥、大蒜、薑切碎。

3 平底鍋中倒入麻油，加入作法 **2** 和豆瓣醬，以中火爆香，再放入絞肉拌炒。炒到絞肉顏色變白後，倒入 **A**。

4 待作法 **3** 煮滾後，加入混合均勻的 **B** 勾芡。

5 耐熱容器中放入作法 **1**，輕輕蓋上保鮮膜微波約 2 分鐘。盛盤後淋上作法 **4**，撒上蔥花，也可撒些山椒粉提味。

切成細條狀的干絲口感。

南洋風味 高野豆腐沙拉

材料（2人份）

高野豆腐…2塊

乾燥黑木耳…3g

西洋芹…30g

小黃瓜…½根

香菜…10g

A 辣椒（切丁）…1小撮

　薑汁…1小匙

　麻油、黑醋、醬油、

　　砂糖…各1小匙

1 高野豆腐用水浸泡約5分鐘泡開，輕壓擠乾水分，切成細條狀。

2 黑木耳用水浸泡約15分鐘泡開，切除根部後切絲。西洋芹去除較粗的纖維後切絲。小黃瓜斜切成薄片後切絲。香菜切成3cm長。

3 調理盆中放入作法**1**和作法**2**，倒入調合均勻的**A**充分拌勻即可盛盤。

切成5mm小方塊入味可口。

高野豆腐 麥片碎沙拉

材料（2人份）

高野豆腐…1塊

麥片…45g

小番茄…8顆

黃椒…¼個

紫洋蔥…¼個

羽衣甘藍…20g

A 橄欖油、檸檬汁、番茄汁

　　…各1大匙

　Tabasco辣椒醬…撒3下

　鹽…¼小匙

　胡椒…少許

1 高野豆腐用水浸泡約5分鐘泡開，輕壓擠乾水分，切成5mm方塊狀。麥片用水沖洗後，以滾水煮約10分鐘，瀝乾水分。

2 小番茄摘除蒂頭，對半切開。黃椒、紫洋蔥、羽衣甘藍切成5mm方塊狀。

3 調理盆中放入作法**1**和作法**2**，倒入調合均勻的**A**充分拌勻即可盛盤。

剝小塊或磨碎

香氣四溢的油炸料理

剝成小塊的高野豆腐下鍋油炸後，可以當作沙拉的脆麵包丁使用，或是再拿去燉煮也十分美味。磨碎的高野豆腐則可以代替麵粉，作為低糖健康的麵衣使用。

香脆清爽的口感。

高野豆腐凱薩沙拉

材料（2人份）
高野豆腐…2 塊
水煮蛋…2 顆
酪梨…1 個
番茄…1 個
蘿蔓生菜…80g
帕瑪森起司（塊狀）…20g
炸油…適量
A 罐頭鯷魚（切碎）…1 塊
　蒜泥…½ 小匙
　日式美乃滋…2 大匙
　顆粒芥末醬、牛奶、
　　伍斯特醬、檸檬汁
　　…各 1 小匙
　鹽、胡椒…各少許

1 高野豆腐用水浸泡約 5 分鐘泡開，輕壓擠乾水分，用手剝成一口大小。炸油預熱至 170℃，將高野豆腐下鍋炸 3 ～ 5 分鐘至酥脆，炸的過程中要適時翻動。起鍋後將油瀝乾。

2 將剝殼的水煮蛋、去籽去皮的酪梨和摘除蒂頭的小番茄切成 2cm 方塊狀。生菜撕成方便實用的大小。

3 帕瑪森起司刨絲。

4 沙拉碗中放入作法 **1** 和作法 **2**，淋上調合均勻的 **A**，再撒上作法 **3** 即可享用。

高野豆腐

滷高野豆腐

吸飽滿滿的湯汁。

材料（2人份）

高野豆腐…3塊　　　蔥（切蔥花）
片栗粉…2大匙　　　　…適量
炸油…適量　　　　　薑泥…約5g
A 日式高湯…1杯
　醬油…2小匙
　味醂…1大匙
　鹽…少許

1 高野豆腐用水浸泡約5分鐘泡開，輕壓擠乾水分，用手剝成一口大小。炸油預熱至170℃，將裹上片栗粉的高野豆腐下鍋炸3～5分鐘至酥脆，炸的過程中要適時翻動。起鍋後將油瀝乾。

2 在另一個鍋中放入 **A**，以中火加熱。煮滾後將作法 **1** 下鍋沾附湯汁，盛盤後放上蔥花和薑泥即可享用。

材料（2人份）

高野豆腐…1塊
雞胸肉…1片（250g）
A 鹽、胡椒…各少許
B 蒜泥、薑泥…各約10g
　豆瓣醬…½小匙
　醬油、味醂…各1大匙
炸油…適量
生菜…適量
檸檬角…1塊

日式炸雞塊

用磨碎的高野豆腐代替麵粉做麵衣。

1 高野豆腐磨碎。

2 雞肉切成一口大小，撒上 **A**，放入調理盆中。倒入 **B** 搓揉入味，靜置15分鐘。

3 瀝除作法 **2** 多餘的醬汁，均勻裹上作法 **1**。

4 炸油以100℃的低溫預熱，將作法 **3** 下鍋後再慢慢提高油溫，炸7分鐘左右至表層金黃酥脆即可起鍋。將油瀝乾後盛盤，一旁擺上生菜及檸檬角即完成。

51

蒸黃豆

蒸黃豆是富含蛋白質、維生素、礦物質、食物纖維等豐富營養素的超級食物。一如其名，蒸黃豆不經水煮，而是以蒸的方式烹調，能夠完整保留營養成分，無須擔心因水煮而流失。現在市面上有各種蒸黃豆罐頭或真空包，很容易買到，而且風味和口感良好，也很耐保存，是一項讓人想常備在家中隨時運用的方便食材。

碾碎

碾碎成粗粒狀更好入口

將蒸黃豆裝入塑膠袋中，用擀麵棍從上方滾壓輾碎成粗粒狀。

直接食用一顆顆的黃豆會需要時間消化，碾碎再吃最大的好處就是能讓身體快速消化完畢。

而且碾碎後能品嘗到不一樣的口感，用來烹調也更容易入味，在料理上有更多的變化空間。

拌進白飯裡風味絕佳。

黃豆柴魚拌飯

材料（2人份）

蒸黃豆（碾碎）…100g
溫熱的白飯…2碗（300g）
A 柴魚片…5g
　醬油…1小匙

將白飯放進調理盆中，倒入黃豆和A，拌一下即可享用。

山椒拌黃豆

麻油和山椒粉十分入味。

材料（2人份）
蒸黃豆（碾碎）…100g
A 麻油…1小匙
　山椒粉…少許
　鹽…2小撮

將黃豆放進調理盆中，加入 **A** 拌勻即完成。

黃豆涼拌高麗菜

為家常的涼拌菜增添風味！

材料（2人份）
蒸黃豆（碾碎）…100g
高麗菜…150g
鹽…⅓小匙
A 日式美乃滋…1大匙
　黃芥末醬…½小匙
　胡椒…少許

1 高麗菜切成 5mm 寬，撒上鹽搓揉，靜置 10 分鐘左右。菜葉變軟之後擠乾水分。

2 將黃豆放進調理盆中，加入作法 1 和 **A** 混拌均勻即完成。

吃蒸黃豆頭好壯壯！

黃豆富含以蛋白質為首的多種營養成分，對人體好處多多，除了降血糖、增肌減脂等多重功效，已被證實有助於預防及改善癌症、糖尿病、肥胖、骨質疏鬆等現代生活型態常見的疾病。

蒸黃豆是整顆黃豆下鍋蒸製而成，能夠完整攝取到黃豆所含的營養。烹調方式簡單且多變，有機會一定要多方嘗試不同的食譜，發掘蒸黃豆潛力無窮的美味。

適合當晚餐和宵夜的菜色

材料（2人份）

蒸黃豆（碾碎）…100g

鮣仔魚…20g

雞蛋…3 顆

蔥（切蔥花）…10g

麻油…2 小匙

A 鹽…2 小撮

胡椒…少許

黃豆鮣仔魚炒蛋

用蛋液炒出柔嫩鬆軟的口感。

1 雞蛋打入調理盆中攪散。

2 平底鍋中倒入麻油，以中火熱鍋，放入黃豆、鮣仔魚拌炒 1 分鐘左右。

3 大致炒勻後，加入蔥花和作法 **1** 翻炒。蛋炒熟後，撒上 **A** 拌勻即可盛盤。

材料（2人份）

蒸黃豆（碾碎）…100g

雞絞肉…150g

大蔥…½ 根

A 片栗粉…1 大匙

鹽…少許

麻油…2 小匙

B 味醂、醬油…各 1 大匙

蘿蔔嬰…少許

黃豆雞肉丸

黃豆的口感是亮點。

1 大蔥切成蔥末。

2 調理盆中放入黃豆、絞肉、作法 **1**、**A** 充分拌勻。接著分成 6 等份，捏成圓餅狀。

3 平底鍋中倒入麻油，以中火熱鍋，將作法 **2** 下鍋煎 3 分鐘左右。翻面後再煎 3 分鐘左右，倒入 **B**，讓肉丸均勻沾附醬汁。盛盤後一旁附上蘿蔔嬰點綴即完成。

蒸黃豆

碾碎

材料（2人份）

蒸黃豆（輾碎）…100g

核桃…40g

橄欖油…2小匙

孜然籽…撒5下

A 紅椒粉…撒5下

　｜鹽…¼小匙

　｜胡椒…少許

萊姆角…1塊

1 核桃切成碎粒。

2 平底鍋中倒入橄欖油，將孜然籽下鍋以中火炒香，放入黃豆炒勻。

3 大致炒勻後，加入核桃碎粒翻炒一下，撒上 **A** 拌勻即可盛盤，一旁擺上萊姆角即可享用。

香味四溢的重口味素肉鬆。

香料炒黃豆

黃豆麥片湯

每一口都鮮味四溢。

材料（2人份）

蒸黃豆（碾碎）…100g

麥片…45g

雞腿肉…½大片（150g）

大蔥…½根

水…3杯

A 鹽…⅓小匙

　｜粗粒黑胡椒…少許

1 麥片用水沖洗後瀝乾水分。雞肉切成2cm方塊狀，大蔥切成1cm寬。

2 將水倒入鍋中，以中火煮滾，放入黃豆和作法 **1**，蓋上鍋蓋煮10分鐘左右，加入 **A** 拌勻即完成。

做成飯或麵的主食料理

用儲備糧食就能完成的一道料理！

黃豆鯖魚咖哩

材料（2 人份）

蒸黃豆（碾碎）…100g

溫熱的白飯…2 碗

水煮鯖魚罐頭…1 罐（190g）

蘿蔔絲乾…10g

水…1 又½杯

A 市售咖哩塊（切碎）…80g

　薑汁…1 小匙

巴西里（切末）…少許

1 蘿蔔絲乾用水浸泡約 2 分鐘泡開，擠乾水分後切成 1.5cm 寬。

2 鍋裡放入黃豆、鯖魚罐頭的鯖魚和湯汁、作法 **1**，接著倒入水，以中火煮沸後轉中小火，蓋上鍋蓋煮約 10 分鐘。

3 將作法 **2** 關火後，加入 **A** 拌勻。

4 白飯盛入盤中，淋上等量的作法 **3**，再將巴西里撒在白飯上即完成。

黃豆和絞肉的鮮味濃郁可口。

黃豆絞肉義大利麵

材料（2人份）

蒸黃豆（碾碎）…100g

義大利麵…160g

豬絞肉…150g

大蒜…約10g

辣椒（切丁）…1小撮

巴西里（切末）…3大匙

橄欖油…1大匙

胡椒…少許

1 鍋中裝入2L的水（分量外）煮沸，加入1大匙的鹽（分量外），將義大利麵下鍋，依照外包裝的說明煮熟。

2 大蒜切成蒜末。

3 平底鍋中倒入橄欖油，將作法**2**和辣椒下鍋以中火爆香，接著依序放入絞肉和黃豆炒勻。

4 炒到絞肉顏色變白後，趁義大利麵要起鍋前舀1杯煮麵汁加進作法**3**的鍋中。接著將義大利麵和巴西里也放入平底鍋中快速翻炒均勻，撒上胡椒即完成。

材料（2人份）

蒸黃豆（碾碎）…100g

溫熱的白飯…2碗

豬梅花肉…150g

A 鹽、胡椒…各少許

片栗粉…1大匙

麻油…1大匙

B 味噌…2小匙

味醂…4小匙

砂糖、醋、醬油…各1小匙

恰到好處的勾芡
讓風味融合在一起。

味噌炒黃豆豬肉蓋飯

1 豬肉切成1.5cm的骰子狀，撒上**A**，和黃豆一起放入塑膠袋中，倒入片栗粉，讓粉均勻沾附在食材上。

2 平底鍋中倒入麻油，以中火熱鍋，倒出作法**1**的豬肉和黃豆下鍋拌炒，炒到豬肉外層變得酥脆時，加入混合好的**B**充分炒勻。

3 白飯盛入盤中，淋上等量的作法**2**即可享用。

豆渣粉

豆渣粉是將豆腐製作過程中產出的豆渣，經過高溫熱風乾燥除去水分，再製成沙沙的粉狀產品。不同於生豆渣，豆渣粉擁有在常溫下可長期保存的優勢。豆渣粉富含膳食纖維，除了能促進腸胃蠕動，幫助排出腸道內的老廢物質之外，粉粒的吸水特性可增加飽足感，有助控制食量，避免過量飲食。加一匙在飲料或沙拉裡就能輕鬆攝取營養，或是代替料理及甜點中的麵糊，運用方式多元且萬用。

在早餐裡加一點

光是加到飲料或湯品裡，就能大大提升飽足感，還能攝取到豐富的膳食纖維。

用膳食纖維增量

1

碗裡加入豆渣粉、優格、牛奶等，放進冰箱冷藏一晚。

2

豆渣粉吸收水分後，會讓食物的質地變得濃稠。

豆渣麥片粥

前一晚先準備隔日早餐。

材料（2人份）

A 豆渣粉…4 大匙
　燕麥片…50g
　原味優格…100g
　牛奶…1 杯
喜歡的水果（藍莓、奇異果等）
　…適量
核桃…20g
蜂蜜…1 大匙

1 在兩個碗裡分別放入等量的 **A** 拌勻，放進冰箱冷藏一晚。

2 在作法 1 裡等量放入切成大小方便食用的水果、核桃，淋上蜂蜜即可享用。

最適合忙碌的早晨。

酪梨豆渣果昔

材料（2 人份）

豆渣粉…2 大匙
酪梨…½ 個
原味優格…100g
水…1 杯
檸檬汁…1 大匙
蜂蜜…略多於 1 大匙

將全部的材料放進果汁機裡，攪打
至滑順濃郁的狀態即可。

適合減重者的食材

富含膳食纖維又低糖的豆渣，在
日本是備受矚目的健康食物。為了讓
豆渣使用起來更方便，因此出現了豆
渣粉這樣的產品。豆渣本身無特殊味
道，搭配各種食材都很適合。

豆渣粉所含的膳食纖維，食用後會
吸收體內水分，讓人產生飽足感，能
避免過量飲食、抑制血糖急速上升，
還具有促進排便的作用。許多人對豆
渣粉的心得是「吃了很有飽足感，到
下一餐都不會餓」、「治好了頑強的
便秘」、「只需要直接加到食物裡很
簡單，讓人可以堅持下去」等，可說
是實至名歸的「減重時適合的食材」。

食用方式只需要將豆渣粉加到平常
的飲食裡即可。剛開始建議先嘗試少
量加在湯品或飲料等流質食物裡，讓
自己慢慢接受及習慣。其他像是以豆
渣粉代替麵粉製作料理或甜點，也是
十分推薦的作法。

10 秒鐘簡易湯品。

即食豆渣濃湯

材料（2 人份）

A 豆渣粉…4 大匙
　牛奶…1 又 ½ 杯
　顆粒雞湯粉…½ 小匙
　鹽…¼ 小匙
粗粒黑胡椒…少許

鍋中放入 **A**，以中火加熱，快煮沸
前離火盛入湯碗裡，撒上粗粒黑胡椒
即可享用。

代替麵粉

豆渣麵疙瘩

加進麵團裡快速又簡單。

製作麵團和麵糊

以豆渣粉代替麵粉，加入義大利麵或韓式煎餅等麵食料理的麵團或麵糊裡，就是膳食纖維豐富的一道餐點。

材料（容易製作的分量・2～3人份）

豆渣粉…70g

A 片栗粉…110g
　│ 起司粉…2大匙
　│ 鹽、胡椒…各少許

水…1～1又½杯
橄欖油…2小匙
牛奶…1又½杯
市售青醬…1又⅓大匙
鹽、胡椒…各少許
羅勒…少許

1 調理盆中放入豆渣粉和 **A**，將水分次少量倒入，同時一邊攪拌至麵團如耳垂般柔軟，捏成一口大小的圓扁狀。

2 平底鍋中倒入橄欖油，以中火熱鍋，將作法 **1** 下鍋煎至兩面出現漂亮的烤色。加入牛奶，蓋上鍋蓋蒸煮約3分鐘。

3 將青醬加入作法 **3** 裡拌勻，撒上鹽和胡椒調味。盛盤後一旁放上羅勒即可享用。

豆渣粉

代替麵粉

材料（2人份）

豆渣粉…6 大匙

韭菜…100g

水煮蛤蜊罐頭…1 罐（130g）

A 雞蛋…2 顆

　水…¼ 杯

　片栗粉…6 大匙

　鹽…少許

麻油…2 小匙＋1 小匙

豆瓣醬、醬油…各適量

豆渣韭菜韓式煎餅

麵糊裡包覆滿滿的餡料。

1 韭菜切成 3cm 長。

2 調理盆中放入豆渣粉、作法 **1**，將蛤蜊連同罐頭汁液一起倒進去，再加入 **A** 充分拌勻。

3 平底鍋中加入 2 小匙的麻油，以中大火加熱，慢慢倒入作法 **2** 煎 3 分鐘左右。煎至表面酥脆後翻面，從鍋緣淋入 1 小匙的麻油，再煎 3 分鐘左右。起鍋後切成方便食用的大小盛盤，附上豆瓣醬、醬油當作沾醬即可享用。

材料（2人份）

豆渣粉…3 大匙

A 蒜泥…約 5g

　茅屋起司、白芝麻粉、

　　橄欖油…各 1 大匙

　牛奶…2 大匙

　孜然粉…撒 5 下

　鹽…¼ 小匙

　胡椒…少許

長棍麵包（10cm 長）…2 個

生火腿…2 片

芝麻葉…15g

紫洋蔥…20g

鷹嘴豆泥風味的豆渣三明治

豆渣粉和牛奶的新口感。

1 調理盆中放入豆渣粉和 **A** 充分拌勻。

2 長棍麵包縱向切開不切斷，用小烤箱稍微烤熱。

3 芝麻葉撕成方便食用的大小，紫洋蔥縱切成絲。

4 在作法 **2** 的切口裡塗上等量的作法 **1**，再夾入作法 **3** 和折成適當大小的生火腿即完成。

1 製作麵糊

調理盆中放入 **A** 混合，加入
豆渣粉，用打蛋器攪拌均勻。

2 混拌均勻

攪拌至用打蛋器撈起麵糊時，
呈現慢慢滴落的濃稠液狀即
可。

3 煎烤

平底鍋中放入奶油，以小火融
化，將作法 **2** 舀入鍋中，做
成直徑 10cm 左右的圓餅狀。
若鍋子較小，無法一次煎完的
話，可分兩次煎。當鬆餅的邊
緣煎熟後翻面，煎至表面酥脆
即可。

4 完成

調理盆中倒入 **B**，用打蛋器
打發至香濃滑稠。盤裡盛入作
法 **3**，舀上打發鮮奶油、擺上
草莓，再淋上楓糖即可享用。

豆渣鬆餅

清爽的口感裡藏著濃厚滋味。

<u>材料</u>（容易製作的分量・5 片）

豆渣粉…60g

A 雞蛋…2 顆

牛奶（或豆漿）…¾ 杯

香草精…撒 4 下

奶油…15g

草莓（摘除蒂頭後縱切兩半）…4 ～ 5 顆

B 液態鮮奶油…¼ 杯

砂糖…1 小匙

楓糖…1 ～ 2 大匙

豆漿鮮奶油

使用豆漿製成的液態鮮奶油口味更健康，
成品的口感也較清爽。不過一般動物性鮮
奶油一樣可以使用。

1 香蕉壓成泥

將香蕉裝入密封容器，拿掉蓋子微波 1 分鐘左右。接著用叉子壓成泥。香蕉先冷凍再加熱，不僅較容易壓碎，也更容易和麵糊融合。

2 攪拌麵糊

將豆渣粉、**A** 放入作法 **1** 裡，用叉子充分拌勻。

3 混拌均勻

將麵糊攪拌至完全均勻即可。

4 加熱

密封容器斜斜地放上蓋子，保留空隙不蓋緊，放入微波爐加熱 5 分鐘左右。切成方便食用的大小即完成。

材料

（容易製作的分量・約為 1 個容量 500ml 的耐熱密封容器）

豆渣粉…5 大匙

香蕉*…1 根

A 雞蛋…1 顆

可可粉…2 小匙

牛奶…90ml

泡打粉…1 小匙

蜂蜜、椰子油…各 1 大匙

＊剝皮後切成兩半冷凍備用。

香蕉可可馬芬

材料拌勻後微波就完成。

五味坊 131

黃豆好好吃

——收錄豆腐、豆皮、豆漿、豆渣等黃豆製食材，高蛋白質＋高膳食纖維＋低熱量，蔬食、減重、健身者簡單多變的超級食物，低成本高收益的全民健康美食提案！

原著書名	豆腐からおからパウダーまで!「目からウロコ」の保存&活用術
作　　者	牛尾理惠
譯　　者	張成慧

總 編 輯	王秀婷
主　　編	洪淑暖
編　　輯	蘇雅一

發 行 人	涂玉雲
出　　版	積木文化
	104台北市民生東路二段141號5樓
	電話：(02) 2500-7696｜傳真：(02) 2500-1953
	官方部落格：www.cubepress.com.tw
	讀者服務信箱：service_cube@hmg.com.tw
發　　行	英屬蓋曼群島商家庭傳媒股份有限公司城邦分公司
	台北市民生東路二段141號11樓
	讀者服務專線：(02)25007718-9｜24小時傳真專線：(02)25001990-1
	服務時間：週一至週五09:30-12:00、13:30-17:00
	郵撥：19863813｜戶名：書虫股份有限公司
	網站：城邦讀書花園｜網址：www.cite.com.tw
香港發行所	城邦（香港）出版集團有限公司
	香港灣仔駱克道193號東超商業中心1樓
	電話：+852-25086231｜傳真：+852-25789337
	電子信箱：hkcite@biznetvigator.com
馬新發行所	城邦（馬新）出版集團 Cite（M）Sdn Bhd
	41, Jalan Radin Anum, Bandar Baru Sri Petaling, 57000 Kuala Lumpur, Malaysia.
	電話：(603) 90563833｜傳真：(603) 90576622
	電子信箱：services@cite.my

【日文版製作人員】
書籍設計／高橋朱里、菅谷真理子（マルサンカク）
攝　　影／木村 拓（東京料理寫真）
造　　型／綾部惠美子
料理助理／上田浩子、高橋佳子
校　　對／山脇節子
編　　輯／園田聖絵（FOODS FREAKS）、
　　　　　浅井香織（文化出版局）

封面設計	郭家振
內頁排版	陳佩君
製版印刷	上晴彩色印刷製版有限公司

城邦讀書花園
www.cite.com.tw

Original Japanese title: TOFU KARA OKARA POWDER MADE! "ME KARA UROKO" NO HOZON & KATSUYOJUTU
Copyright © Rie Ushio 2020
Original Japanese edition published by
EDUCATIONAL FOUNDATION BUNKA GAKUEN BUNKA PUBLISHING BUREAU
Traditional Chinese translation rights arranged with
EDUCATIONAL FOUNDATION BUNKA GAKUEN BUNKA PUBLISHING BUREAU
through The English Agency (Japan) Ltd. and AMANN CO., LTD.

國家圖書館出版品預行編目（CIP）資料

黃豆好好吃：收錄豆腐、豆皮、豆漿、豆渣等黃豆製食材,高蛋白質+高膳食纖維+低熱量,蔬食、減重、健身者簡單多變的超級食物,低成本高收益的全民健康美食提案!/牛尾理惠著；張成慧譯. -- 初版. -- 臺北市：積木文化：英屬蓋曼群島商家庭傳媒股份有限公司城邦分公司發行, 2023.06
面；　公分. -- (五味坊；131)
譯自：豆腐からおからパウダーまで!「目からウロコ」の保存&活用術
ISBN 978-986-459-500-6(平裝)

1.CST: 食譜 2.CST: 大豆 3.CST: 豆腐食譜

427.33　　　　　　　　112006648

【印刷版】
2023年6月13日　初版一刷
售　價／NT$360
ISBN 978-986-459-500-6

【電子版】
2023年 6月
ISBN 978-986-459-502-0（EPUB）
版權所有・翻印必究